U0181642

COLLEGE PHYSICS
EXPERIMENT COURSE

大学物理实验教程
实验报告

主　编　胡亚华

副主编　刘俊星　牛连平　朱永安

编　著（按姓氏拼音排序）

胡亚华　刘俊星　马玉彬　牛连平

张建华　赵浙明　朱永安

復旦大學 出版社

目 录
Mulu

1. 试区分下列概念：

(1) 绝对误差和相对误差；

(2) 真值和算术平均值；

(3) 系统误差和随机误差；

(4) 误差和不确定度；

(5) 精密度、准确度和精确度.

2. 指出下列情况属于随机误差还是系统误差：

(1) 电表读数时的视差；

(2) 螺旋测微器零点不准；

(3) 水银温度计毛细管不均匀；

(4) 米尺因低温而收缩；

(5) 单摆测重力加速度.

3. 指出下列各数据有效数字的位数：

(1) 2.000 2；＿＿＿＿　　(2) 0.000 8；＿＿＿＿　　(3) 0.120 00；＿＿＿＿

(4) 58.662 00；＿＿＿＿　　(5) 5.6×10^4. ＿＿＿＿

4. 改正下列错误,写出正确答案：

(1) $R = 3\ 856\ \text{km} = 3\ 856\ 000\ \text{m} = 385\ 600\ 000\ \text{cm}$；

(2) $P = (9\ 527 \pm 40)\text{kg}$；

(3) $d = (12.439 \pm 0.2)\text{cm}$；

(4) $r = (10.428 \pm 0.436)\text{cm}$；

(5) $h = (48.5 \times 10^4 \pm 200)\text{kg}$；

(6) $\theta = 60° \pm 2'$.

5. 在测量弹簧倔强系数实验中,在弹性限度内,弹簧的长度随着砝码质量增加,如表 0-1 所示.请根据表中数据利用逐步法求出该弹簧的倔强系数($g = 9.8\ \text{m} \cdot \text{s}^{-2}$).

实验内容与步骤

实验仪器 （主要实验仪器名称、型号、编号）

注意事项

📓 数据记录及处理 （教师当堂签字方为有效，不得涂改）

1. 用游标卡尺测圆柱体的直径.

表 1-1　圆柱体的直径数据记录及处理

被测量	次　数					$\bar{d}$	S_d	$\Delta_仪$	Δ_d	$d=\bar{d}\pm\Delta_d$
	1	2	3	4	5					
d/mm										

2. 用游标卡尺测小球的体积.

表 1-2　小球的体积数据记录及处理

零点读数 $D_0=$ _____ mm

次　数	D_i/mm	
1		仪器误差 $\Delta_仪=0.004$ mm
2		$D=\bar{D}-D_0=$ _____
3		$S_D=\sqrt{\dfrac{\sum(D-\bar{D})^2}{n-1}}=$ _____
4		
5		$\Delta_D=\sqrt{S_D^2+\Delta_仪^2}=$ _____
平均值 $\bar{D}$		

计算小球体积：

$$\bar{V}=\frac{1}{6}\pi D^3=\text{_____} ;$$

$$\Delta_V=3\bar{V}\frac{\Delta_D}{D}=\text{_____} ;$$

$$V=\bar{V}\pm\Delta_V=\text{_____} .$$

3. 用读数显微镜测毛细管的直径.

表 1-3　毛细管的直径数据记录及处理

次　数	D_{i2}/mm	D_{i1}/mm	$D=\vert D_{i2}-D_{i1}\vert/\mathrm{mm}$	
1				仪器误差 $\Delta_仪=0.005$ mm
2				
3				$S_D=\sqrt{\dfrac{\sum(D-\bar{D})^2}{n-1}}=$ _____
4				
5				$\Delta_D=\sqrt{S_D^2+\Delta_仪^2}=$ _____
平均值	—	—		$D=\bar{D}\pm\Delta_D=$ _____

7

实验内容与步骤

实验仪器 （主要实验仪器名称、型号、编号）

注意事项

📖 **数据记录及处理** （教师当堂签字方为有效，不得涂改）

教师签名：_____　　　_____年___月___日

1. 用逐差法处理钢丝伸长量的数据.

表 2-1　钢丝伸长量的数据记录及处理

拉伸力 F/N	标尺读数/cm			$l_j = \bar{n}_{i+4} - \bar{n}_i$	
	拉伸力增加时	拉伸力减小时	$\bar{n}_i = \dfrac{n_i + n_i'}{2}$		
9.80	n_0	n_0'	$\bar{n}_0$	$l_1 = (\bar{n}_4 - \bar{n}_0)$	$\Delta_仪 = $ _____
19.60	n_1	n_1'	$\bar{n}_1$	$l_2 = (\bar{n}_5 - \bar{n}_1)$	$S_l = \sqrt{\dfrac{\sum(l_i - \bar{l})^2}{n-1}} = $ _____
29.40	n_2	n_2'	$\bar{n}_2$	$l_3 = (\bar{n}_6 - \bar{n}_2)$	
39.20	n_3	n_3'	$\bar{n}_3$	$l_4 = (\bar{n}_7 - \bar{n}_3)$	$\Delta_l = \sqrt{S_l^2 + 2\Delta_仪^2} = $ _____
49.00	n_4	n_4'	$\bar{n}_4$	$\bar{l}$	$\dfrac{\Delta_{\Delta n}}{\overline{\Delta n}} = \dfrac{\Delta_l}{\bar{l}} = $ _____
58.80	n_5	n_5'	$\bar{n}_5$		
68.60	n_6	n_6'	$\bar{n}_6$	$\overline{\Delta n} = \dfrac{\bar{l}}{4}$	
78.40	n_7	n_7'	$\bar{n}_7$		

2. 处理 L，D，B，b 的数据.

表 2-2　L，D，B，b 的数据记录及处理

被测量	次数					$\bar{x}$	S_x	$\Delta_{x仪}$	Δ_x	$x = \bar{x} \pm \Delta_x$	$E_x = \Delta_x/\bar{x}$
	1	2	3	4	5						
L/cm	—	—	—	—	—		—	0.05			
B/cm	—	—	—	—	—		—	0.05			
D/mm								0.004			
b/cm	—	—	—	—	—		—	0.05			

3. 处理杨氏模量 Y 的测量结果.

$$Y = \frac{8FLB}{\pi D^2 b \overline{\Delta n}} = \underline{\hspace{2cm}} (\text{N} \cdot \text{m}^{-2});$$

当 $F = 9.80$ N，$\dfrac{\Delta_F}{F} = 0.5\%$ 时，

$$E_Y = \frac{\Delta_Y}{Y} = \sqrt{\left(\frac{\Delta_F}{F}\right)^2 + \left(\frac{\Delta_L}{L}\right)^2 + \left(\frac{\Delta_B}{B}\right)^2 + \left(2\frac{\Delta_D}{D}\right)^2 + \left(\frac{\Delta_b}{b}\right)^2 + \left(\frac{\Delta_{\Delta n}}{\overline{\Delta n}}\right)^2} = \underline{\hspace{1.5cm}} \%;$$

$$\Delta_Y = E_Y \times Y = \underline{\hspace{2cm}} (\text{N} \cdot \text{m}^{-2});$$

$$\begin{cases} Y = \bar{Y} \pm \Delta_Y = \underline{\hspace{2cm}} (\text{N} \cdot \text{m}^{-2}); \\ E_Y = \dfrac{\Delta_Y}{Y} = \underline{\hspace{1.5cm}} \%. \end{cases}$$

实验内容与步骤

实验仪器 (主要实验仪器名称、型号、编号)

注意事项

教师签名：_____　　_____年___月___日

1. 由载物盘转动惯量 $J_0 = KT_0^2/4\pi^2$、塑料圆柱体的转动惯量理论值 $J_1' = mD^2/8$ 及塑料圆柱体放在载物盘上总的转动惯量 $J_0 + J_1' = KT_1^2/4\pi^2$，计算扭转常数.

$$K = \frac{\pi^2}{2} \cdot \frac{m\overline{D}^2}{\overline{T}_1^2 - \overline{T}_0^2} = \underline{\hspace{2cm}} \ (\text{N} \cdot \text{m}).$$

2. 计算各种物体的转动惯量，并与理论值进行比较，求出百分误差.

表 3-1　转动惯量的数据记录及处理

物体名称	质量/kg	几何尺寸/(10^{-2} m)		周期/s		转动惯量理论值/(10^{-4} kg·m²)	转动惯量实验值/(10^{-4} kg·m²)	百分误差
金属载物盘	—	—		T_0		—	$J_0 = \dfrac{J_1'\overline{T}_0^2}{\overline{T}_1^2 - \overline{T}_0^2}$ $= \underline{\hspace{1.5cm}}$	—
				$\overline{T}_0$				
塑料圆柱		D		T_1		$J_1' = \dfrac{1}{8}m\overline{D}^2$ $= \underline{\hspace{1.5cm}}$	$J_1 = \dfrac{K\overline{T}_1^2}{4\pi^2} - J_0$ $= \underline{\hspace{1.5cm}}$	—
		$\overline{D}$		$\overline{T}_1$				
金属圆筒		$D_{外}$						
		$\overline{D}_{外}$		T_2		$J_2' = \dfrac{1}{8}m(\overline{D}_{外}^2 + \overline{D}_{内}^2)$ $= \underline{\hspace{1.5cm}}$	$J_2 = \dfrac{K\overline{T}_2^2}{4\pi^2} - J_0$ $= \underline{\hspace{1.5cm}}$	__%
		$D_{内}$						
		$\overline{D}_{内}$		$\overline{T}_2$				
球		D		T_3		$J_3' = \dfrac{1}{10}m\overline{D}^2$ $= \underline{\hspace{1.5cm}}$	$J_3 = \dfrac{K\overline{T}_3^2}{4\pi^2} - J_0'$ $= \underline{\hspace{1.5cm}}$	__%
		$\overline{D}$		$\overline{T}_3$				
金属细杆		L		T_4		$J_4' = \dfrac{1}{12}mL^2$	$J_4 = \dfrac{K\overline{T}_4^2}{4\pi^2} - J_0''$	__%
				$\overline{T}_4$				

⚙ 实验内容与步骤

🧪 实验仪器 （主要实验仪器名称、型号、编号）

🎯 注意事项

教师签名：＿＿＿＿＿＿＿　　　　＿＿＿＿年＿＿月＿＿日

1. 测量钢球振动周期 T，并计算其不确定度，周期数 $N=$＿＿＿＿＿＿次.

表 4-1　钢球振动周期的数据记录及处理

次数	1	2	3	4	5	平均值	$\Delta_x=\sqrt{\dfrac{\sum(x_i-\bar{x})^2}{n-1}}$
N 个周期时间 t/s						—	
1 个周期 T/s							

2. 读取大气压强 p_0 和储气瓶体积 V.

表 4-2　大气压强和储气瓶体积的数据记录及处理

大气压强 $p_0=$＿＿＿＿＿＿Pa	储气瓶 II 的体积 $V=$＿＿＿＿＿＿mL（10^{-6} m³）

3. 测量钢球直径 d 和质量 m，并计算其不确定度.

表 4-3　钢球质量、直径的数据记录及处理

次数	1	2	3	4	5	平均值	$S_x=\sqrt{\dfrac{\sum(x_i-\bar{x})^2}{(n-1)}}$	$\Delta_{仪}$	Δ_x
直径 $d/10^{-3}$ m									
质量 $m/10^{-3}$ kg							—		

4. 在忽略储气瓶 II 的体积 V 和大气压强 p_0 的测量误差情况下，估算空气的绝热系数及其不确定度.

$$\bar{\gamma}=\frac{64mV}{T^2 p_0 \bar{d}^4}=\underline{\qquad};$$

$$E_\gamma=\frac{\Delta_\gamma}{\bar{\gamma}}=\sqrt{\left(\frac{\Delta_m}{m}\right)+\left[2\,\frac{\Delta_T}{T}\right]^2+\left[4\,\frac{\Delta_d}{d}\right]^2}=\underline{\qquad}\%;$$

$$\Delta_\gamma=E_\gamma\,\bar{\gamma}=\underline{\qquad};$$

$$\gamma=\bar{\gamma}\pm\Delta_\gamma=\underline{\qquad}.$$

思考题

1. 注入气体流量的多少对小球的运动是否有影响？通过实验进行分析和说明.

实验内容与步骤

实验仪器 （主要实验仪器名称、型号、编号）

注意事项

教师签名：＿＿＿＿＿＿＿＿＿　　＿＿＿＿＿年＿＿月＿＿日

1. 对力敏传感器进行定标,用逐差法求转换系数 K.

表 5-1　转换系数 K 的数据记录及处理

砝码质量/ 10^{-6} kg	增重读数 U'_i/mV	减重读数 U''_i/mV	$U_i = \dfrac{U'_i + U''_i}{2}$/mV	$\Delta U_i = \dfrac{1}{4}(U_{i+4} - U_i)$/mV
0.00				$\Delta U_1 = \dfrac{1}{4}(U_4 - U_0) = $ ＿＿＿＿
500.00				
1 000.00				$\Delta U_2 = \dfrac{1}{4}(U_5 - U_1) = $ ＿＿＿＿
1 500.00				
2 000.00				$\Delta U_3 = \dfrac{1}{4}(U_6 - U_2) = $ ＿＿＿＿
2 500.00				
3 000.00				$\Delta U_4 = \dfrac{1}{4}(U_7 - U_3) = $ ＿＿＿＿
3 500.00				

(1) 计算每 500.00 mg 砝码对应的电子秤电压读数的改变 $\overline{\Delta U}$,

$$\overline{\Delta U} = \frac{1}{4}(\Delta U_1 + \Delta U_2 + \Delta U_3 + \Delta U_4) = \underline{\hspace{2cm}} \text{(mV)}.$$

(2) 计算力敏传感器转换系数 K,

$$K = \frac{mg}{\overline{\Delta U}} = \underline{\hspace{2cm}} \text{(N/mV)} (m = 500.00 \text{ mg} = 5.000\,0 \times 10^{-4} \text{ kg}, g = 9.793 \text{ m/s}^2).$$

2. 测量吊环的内外直径,计算内外周长和 $\overline{L}$.

表 5-2　吊环内外直径的数据记录及处理

测量次数	1	2	3	4	5	平均值
内径 $D_{内}$/mm						
外径 $D_{外}$/mm						

吊环与液体接触面的内外周长和 $\overline{L}$ 为

$$\overline{L} = \pi \cdot (\overline{D}_{内} + \overline{D}_{外}) = \underline{\hspace{2cm}} \text{(m)}.$$

实验内容与步骤

实验仪器 （主要实验仪器名称、型号、编号）

注意事项

教师签名：_____　　　_____年____月____日

1. 测量波长.

表 6-1　波长的数据记录及处理

输入频率 $f=$ _____ Hz，环境温度 $t=$ _____ ℃

接收器位置	x_0	x_1	x_2	x_3	x_4	x_5	x_6	x_7	x_8	x_9
李萨如图	/	\	/	\	/	\	/	\	/	\
标尺读数/mm										
$\Delta x_i = \dfrac{x_{i+5}-x_i}{5}$ /mm	$\dfrac{x_5-x_0}{5}$		$\dfrac{x_6-x_1}{5}$		$\dfrac{x_7-x_2}{5}$		$\dfrac{x_8-x_3}{5}$		$\dfrac{x_9-x_4}{5}$	
$\overline{\Delta x}=$ _____		$\lambda = 2\cdot\overline{\Delta x}=$ _____			$\Delta_\lambda = 2\sqrt{\dfrac{\sum(\Delta x_i - \overline{\Delta x})^2}{n-1}}=$ _____					

2. 计算声速.

表 6-2　声速的数据记录及处理

频率不确定度 Δ_f	波长不确定度 Δ_λ	声速实验值 $v_实=f\cdot\lambda$	声速不确定度 Δ_v	声速 $v_实 \pm \Delta_v$	声速理论值 $v_理$	百分误差 $\dfrac{\|v_实-v_理\|}{v_理}\times100\%$
1.0 Hz						

注：$v_理 = 331.45\sqrt{\left(1+\dfrac{t}{273.15}\right)}$ m·s^{-1}.

$$\Delta_v = \sqrt{\left(\frac{\partial v}{\partial f}\right)^2 \Delta_f^2 + \left(\frac{\partial v}{\partial \lambda}\right)^2 \Delta_\lambda^2} = \sqrt{\lambda^2 \Delta_f^2 + f^2 \Delta_\lambda^2} = f\lambda \cdot \sqrt{\left(\frac{\Delta_f}{f}\right)^2 + \left(\frac{\Delta_\lambda}{\lambda}\right)^2} = v_实 \sqrt{\left(\frac{\Delta_f}{f}\right)^2 + \left(\frac{\Delta_\lambda}{\lambda}\right)^2}.$$

📑 **思考题**

1. 在相位比较法中，调节哪些旋钮可改变直线的斜率？调节哪些旋钮可改变李萨如图形的形状？

_____

_____

_____

_____

_____

_____

实验内容与步骤

实验仪器 （主要实验仪器名称、型号、编号）

注意事项

📑 **数据记录及处理** （教师当堂签字方为有效，不得涂改）

教师签名：＿＿＿＿＿＿＿＿＿＿　＿＿＿＿＿＿年＿＿月＿＿日

1. 根据一组等势点找出圆心，以每条等势线上各点到圆心的平均距离为半径，画出等势线的同心圆簇.根据电场线与等势线正交原理，画出电场线，标明等势线间的电势差大小，并指出电场强度方向，得到一张完整的电场分布图（粘于下页）.

2. 用(7-11)式计算出各等势线的半径 r_0，用圆规和直尺测量出每条等势线上 8 个均分点到轴心点的距离半径 r_m，并计算平均值 $\overline{r}_m$.以 r_0 为约定真值，求各等势线半径的相对误差，填入表 7-1.

表 7-1　同轴电缆等势半径的数据记录及处理

U'_r/V		1.0	2.0	4.0	6.0	8.0
理论值 r_0/mm		57.6	47.4	32.1	21.8	14.7
实验值 r_m/mm	1					
	2					
	3					
	4					
	5					
	6					
	7					
	8					
平均实验值 $\overline{r}_m$/mm						
相对误差/%						

📄 **思考题**

1. 怎样由所测的等势线绘出电场线？电场线的方向应如何确定？

2. 试分析测量电场产生畸变的原因.

实验内容与步骤

实验仪器 （主要实验仪器名称、型号、编号）

注意事项

📖 **数据记录及处理** （教师当堂签字方为有效，不得涂改）

教师签名：_____ _____年___月___日

1. 测量电阻的伏安特性.

表 8-1　电阻的伏安特性实验数据记录

U/V										
I/mA										

　　根据表 8-1 中数据，以自变量电压 U 为横坐标、因变量电流 I 为纵坐标，选取合适比例画出电阻的伏安特性曲线，并用图解法求出电阻 R 的实验值.在求电阻时，在 I-U 图上选取两点 A 和 B（不要选与测量数据相同的点，且 A 和 B 点尽可能相距远一些），由下式求出 R 值，并计算其相对误差，

$$R = \frac{U_B - U_A}{I_B - I_A} = \frac{\Delta U}{\Delta I} = \underline{\hspace{2cm}}（\Omega）;$$

$$E_R = \frac{R - R_0}{R_0} \times 100\% = \underline{\hspace{2cm}}\%.$$

2. 测量二极管的伏安特性.

表 8-2　二极管的正向特性实验数据记录

U/V										
I/mA										

表 8-3　二极管的反向特性实验数据记录

U/V										
I/mA										

　　根据表 8-2 和表 8-3 中测得的二极管正反向特性数据，在同一坐标纸上绘制二极管的正反向特性曲线，特性曲线上反向的 U 和 I 取负值.由于正反向电压和电流值相差较大，作图时可选取不同刻度值.

📑 **思考题**

1. 在电路中滑动变阻器主要有哪几种基本接法？它分别有什么功能？

2. 半导体二极管的正向电阻小而反向电阻很大，在测定其伏安特性时，线路设计应注意哪些问题？

实验内容与步骤

实验仪器 （主要实验仪器名称、型号、编号）

注意事项

1. 用单臂电桥测电阻.

表 9-1　QJ23a 型电桥测电阻数据记录及处理

电阻标称值/Ω			
倍率 C			
准确度等级指数 α			
平衡时测量盘读数 R/Ω			
平衡后将检流计调偏 Δd/分格			
与 Δd 对应的测量盘的示值变化 ΔR/Ω			
测量值 CR/Ω			
$\lvert E_{\lim} \rvert = (\alpha\%)(CR+500C)$/Ω			
$\Delta_s = 0.2C\Delta R/\Delta d$/Ω			
$\Delta_{Rx} = \sqrt{E_{\lim}^2 + \Delta_s^2}$/Ω			
$R_x = CR \pm \Delta_{Rx}$/Ω			

2. 用双臂电桥测电阻.

表 9-2　QJ44 型双臂电桥测电阻数据记录及处理

电阻标称值/Ω			
倍率 C			
准确度等级指数 α			
平衡时测量盘读数 R/Ω			
测量值 CR/Ω			
$\Delta_{Rx} = (\alpha\%)(CR+0.01C)$/Ω			
$R_x = CR \pm \Delta_{Rx}$/Ω			

📄 **思考题**

1. 为什么用单臂电桥测电阻一般比用伏安法测量的电阻阻值准确度高？

_____

_____

_____

_____

_____

实验内容与步骤

实验仪器 （主要实验仪器名称、型号、编号）

注意事项

教师签名：＿＿＿＿＿＿＿　　　＿＿＿＿年＿＿月＿＿日

1. 校准电流表.

电位差计倍率：＿＿×10＿＿，$\Delta U =$ ＿＿＿＿＿＿μV，被校电流表量程：＿＿＿＿＿.

被校电流表精度等级 α：＿＿＿＿＿，$E_N =$ ＿1.018 6＿ V，$R_0 =$ ＿＿＿＿Ω，$\Delta_{R_0}/R_0 =$ ＿0.01%＿.

表 10-1　校准电流表数据记录及处理

被检表示值 I'_j/mA	U_x 读数/mV			电流表实际值 $I_j = \left(\dfrac{\overline{U_x}}{R_0}\right)/\text{mA}$	$\Delta I_j = I'_j - I_j /\text{mA}$
	增加	减少	平均		
20.0					
40.0					
60.0					
80.0					
100.0					

2. 判断电流表是否合格.

将 $|\Delta I_{j\max}|/I_m$ 值与 $\alpha\%$ 比较得出结论.(注:前者小于后者则为合格,反之为不合格.)

$$\frac{|\Delta I_{j\max}|}{\text{电流表量程}} \times 100\% = \text{_____} \times 100\% = \text{\_\_\_\_} \%.$$

此电流表是否合格? ＿＿＿＿＿＿＿＿＿＿＿＿＿.

3. 估算电表校验装置误差.

$$\frac{\Delta_I}{I} = \sqrt{\left(\frac{\Delta_{U_x}}{U_x}\right)^2 + \left(\frac{\Delta_{R_0}}{R_0}\right)^2} = \sqrt{\left[0.05\% + \frac{\Delta U}{U_x\mid_{\min}}\right]^2 + \left(\frac{\Delta_{R_0}}{R_0}\right)^2} = \text{_____}.$$

将所得结果与 $\dfrac{1}{3} \times \alpha\%$ 进行比较,判断此校验装置是否合格.(注:前者小于后者则为合格,反之为不合格.)

式中 ΔU 的取值如下:当倍率为"×10"时,取 5 μV;当倍率为"×1"时,取 0.5 μV.

此校验装置是否合格? ＿＿＿＿＿＿＿＿＿＿＿＿＿.

4. 在坐标纸上画出校正曲线 ΔI_j-I'_j.

📖 **思考题**

1. 电位差计工作原理有什么优点? 简述用电位差计测量未知电动势的步骤.

2. 用电位差计测量时为什么要估算并预置测量盘的电位差值? 接线时为什么要特别注意

实验内容与步骤

实验仪器 （主要实验仪器名称、型号、编号）

注意事项

教师签名：＿＿＿＿＿＿＿＿＿＿＿＿＿＿＿＿＿＿年＿＿＿月＿＿＿日

1. 记录 U_H-I_S 实验数据，并用毫米方格纸画出 U_H-I_S 直线.

表 11-1 $I_M=500$ mA 时 U_H-I_S 实验数据记录及处理

磁场强度 $B=$＿＿＿＿＿＿＿mT

I_S/mA	U_1/mV $+B/I_M$, $+I_S$	U_2/mV $+B/I_M$, $-I_S$	U_3/mV $-B/I_M$, $+I_S$	U_4/mV $-B/I_M$, $-I_S$	$\bar{U}_H=\dfrac{U_1-U_2+U_3-U_4}{4}$/mV
1.00					
1.50					
2.00					
2.50					
3.00					
3.50					
4.00					

2. 记录 U_H-I_M 实验数据，并用毫米方格纸画出 U_H-I_M 直线.

表 11-2 $I_S=5.00$ mA 时 U_H-I_M 实验数据记录及处理

I_M/mA	U_1/mV $+B/I_M$, $+I_S$	U_2/mV $+B/I_M$, $-I_S$	U_3/mV $-B/I_M$, $+I_S$	U_4/mV $-B/I_M$, $-I_S$	$\bar{U}_H=\dfrac{U_1-U_2+U_3-U_4}{4}$/mV
300					
400					
500					
600					
700					
800					

3. 根据表 11-1 中的数据，找出 $I_S=2.00$ mA 和 $I_M=500$ mA 时的霍尔电压 $\bar{U}_H=$＿＿＿＿＿＿mV，确定样品的导电类型为＿＿＿＿＿＿型（P 型或 N 型）.

4. 根据 $I_S=2.00$ mA 和 $I_M=500$ mA 时的 $\bar{U}_H$，求 R_H 和 n.

霍尔系数 $R_H=\dfrac{U_H d}{I_s B}=$＿＿＿＿＿＿＿＿＿＿＿＿＿＿＿＿＿＿（m³/C）；

载流子浓度 $n=\dfrac{1}{|R_H|\cdot e}=$＿＿＿＿＿＿＿＿＿＿＿＿＿＿＿＿＿（个/m³）.

5. 计算 σ 和 μ 值.（可选做）

电导率 $\sigma=\dfrac{I_s l}{U_\sigma b d}=$＿＿＿＿＿＿＿＿＿＿＿＿＿＿＿＿＿（S/m）；

实验内容与步骤

实验仪器 （主要实验仪器名称、型号、编号）

注意事项

教师签名：_____　　_____年____月____日

1. 分析直流圆线圈轴线上磁场分布.

根据实验值与理论值，计算相对误差，并以直流圆线圈中心为坐标原点，在同一坐标纸上画出 B-x 实验曲线与理论曲线.

表 12-1　直流圆线圈轴线上磁场分布数据记录及处理

霍尔传感器坐标/刻度尺 x/cm	−12.0	−11.0	−10.0	−9.0	−8.0	−7.0	−6.0	−5.0
磁感应强度 B/μT								
$B=\dfrac{\mu_0 N_0 IR^2}{2(R^2+x^2)^{3/2}}$/μT	263	306	355	413	478	553	634	719
相对误差/%								
霍尔传感器坐标/刻度尺 x/cm	−4.0	−3.0	−2.0	−1.0	0	1.0	2.0	3.0
磁感应强度 B/μT								
$B=\dfrac{\mu_0 N_0 IR^2}{2(R^2+x^2)^{3/2}}$/μT	805	883	948	990	1 005	990	948	883
相对误差/%								
霍尔传感器坐标/刻度尺 x/cm	4.0	5.0	6.0	7.0	8.0	9.0	10.0	11.0
磁感应强度 B/μT								
$B=\dfrac{\mu_0 N_0 IR^2}{2(R^2+x^2)^{3/2}}$/μT	805	719	634	553	478	413	355	306
相对误差/%								

2. 分析亥姆霍兹线圈轴线上的磁场分布.

以亥姆霍兹线圈中心为坐标原点，在坐标纸上画出 B-x 实验曲线.

表 12-2　亥姆霍兹线圈轴线上磁场分布数据记录及处理

霍尔传感器坐标/刻度尺 x/cm	−12.0	−11.0	−10.0	−9.0	−8.0	−7.0	−6.0	−5.0
磁感应强度 B/μT								
霍尔传感器坐标/刻度尺 x/cm	−4.0	−3.0	−2.0	−1.0	0	1.0	2.0	3.0
磁感应强度 B/μT								
霍尔传感器坐标/刻度尺 x/cm	4.0	5.0	6.0	7.0	8.0	9.0	10.0	11.0
磁感应强度 B/μT								

📄 **思考题**

1. 亥姆霍兹线圈是怎样组成的？它的磁场分布有什么特点？

⚙ 实验内容与步骤

⚗ 实验仪器 （主要实验仪器名称、型号、编号）

◎ 注意事项

（教师当堂签字方为有效，不得涂改）

教师签名：＿＿＿＿＿＿＿＿＿＿＿　＿＿＿＿＿＿年＿＿月＿＿日

1. 校准示波器，观测波形，记录和处理波形电压峰-峰值和频率的实验值.

表 13-2　示波器测量波形数据记录及处理

测试波形	峰-峰值(V_{pp}/V)			周期/频率			
	垂直档位	Y 格数	V_{pp}/V	水平时基	X 格数	周期 T/ms	频率 f/Hz
方波（校准波）							
$\sim$							
⌐_							
/\/\							

2. 在作图纸上描绘出 $f_X : f_Y = 1 : 3$ 的李萨如图形.

思考题

1. 在使用数字示波器显示某个电信号波形时，若波形大小不合适，应该如何调整？

2. 观察李萨如图形时，示波器应选择"Y-T"模式，还是"X-T"模式？具体如何操作？

实验内容与步骤

实验仪器 （主要实验仪器名称、型号、编号）

注意事项

📖 **数据记录及处理** （教师当堂签字方为有效，不得涂改）

教师签名：_____　　_____年___月___日

1. 根据表 14-1 中第 1、第 2、第 3 行的数据，绘制发光二极管的正向伏安特性 I_D-V_D 曲线和电光特性 P_0-I_D 曲线.

表 14-1　LED 的正向伏安特性、电光特性和 SPD 的光电特性测量数据记录及处理

偏置电流 I_D/mA	0	5	10	15	20	25	30	35	40	45	50
正向电压 V_D/V											
光功率 P_0/μW											
变换电压 V_{Rf}/mV											
光电流 I_{Rf}/μA											

2. 根据表 14-1 中测量的变换电压 V_{Rf}，计算相应的光电流 I_{Rf}（$I_{Rf}=V_{Rf}/R_f$，$R_f=100$ kΩ），并绘制硅光电二极管的光电特性 I_{Rf}-P_0 曲线.根据 I_{Rf}-P_0 曲线，用两点法求出 SPD 在红光区域线性部分的响应度：

$$R=\frac{\Delta I_{Rf}}{\Delta P_0}=\underline{\qquad}\,(\text{A/W}).$$

3. 根据表 14-2 中的数据，绘制硅光电二极管的反向伏安特性曲线 I_{Rf}-V_F.

表 14-2　SPD 的反向伏安特性测量数据记录及处理

| 光功率 P_0/μW | 不同反向电压 V_F 的光电流 I_{Rf}/μA | | | | | | | |
	$V_F=1$ V	$V_F=2$ V	$V_F=3$ V	$V_F=4$ V	$V_F=5$ V	$V_F=6$ V	$V_F=7$ V	$V_F=8$ V
4								
8								
12								
16								
20								

📄 **思考题**

1. 光纤通信的基本工作原理是什么？

2. 光波能在光纤中从一端传输到另外一端，必须满足什么条件？

⚙ 实验内容与步骤

🧪 实验仪器 （主要实验仪器名称、型号、编号）

🎯 注意事项

📋 **数据记录及处理** （教师当堂签字方为有效，不得涂改）

教师签名：＿＿＿＿＿＿＿＿＿　＿＿＿＿年＿＿月＿＿日

1. 将数据记录在表 15-1 中，计算暗环直径和平均值 $\overline{D_m^2-D_n^2}$.

表 15-1　牛顿环的测量数据记录及处理

环　数			直径 D_m /mm	环　数			直径 D_n /mm	$D_m^2-D_n^2$ /mm^2
m	左/mm	右/mm		n	左/mm	右/mm		
20				10				
19				9				
18				8				
17				7				
16				6				
$\overline{D_m^2-D_n^2}=$＿＿＿＿＿＿＿＿＿＿ mm^2								

2. 计算平凸透镜曲率半径 R 及其不确定度 Δ_R.

$\lambda=589.3$ nm$=5.893\times10^{-4}$ mm，$m-n=$＿＿＿＿＿＿.

曲率半径的最佳估计值：

$\overline{R}=\dfrac{\overline{D_m^2-D_n^2}}{4(m-n)\lambda}=$＿＿＿＿＿＿（mm）；

$\Delta_A=S_{D_m^2-D_n^2}=\sqrt{\dfrac{\sum\left[(D_m^2-D_n^2)_i-\overline{(D_m^2-D_n^2)}\right]^2}{k-1}}=$＿＿＿＿＿＿（mm^2）（本实验 $k=5$）；

$\Delta(D_m^2-D_n^2)\approx\Delta_A=$＿＿＿＿＿＿（mm^2）；

$\Delta_R=\dfrac{\Delta(D_m^2-D_n^2)}{4(m-n)\lambda}=$＿＿＿＿＿＿（mm）.

3. 写出实验结果.

$R=\overline{R}\pm\Delta_R=$＿＿＿＿＿＿（mm）.

📄 **思考题**

1. 牛顿环干涉条纹形成在哪一个面上？产生的条件是什么？

实验内容与步骤

实验仪器 （主要实验仪器名称、型号、编号）

注意事项

1. 测量三棱镜顶角,将数据记录在表 16-1 内.

表 16-1　测量三棱镜顶角的数据记录及处理

测量游标编号	I	II
第一位置 T_1	$\varphi_{I}^{T_1}=$_____	$\varphi_{II}^{T_1}=$_____
第二位置 T_2	$\varphi_{I}^{T_2}=$_____	$\varphi_{II}^{T_2}=$_____
$\varphi_i = \|\varphi_i^{T_1} - \varphi_i^{T_2}\|$, $i =$ I，II	$\varphi_{I}=$_____	$\varphi_{II}=$_____
$\varphi=\dfrac{1}{2}(\varphi_{I}+\varphi_{II})$		
$\alpha=180°-\varphi$		
Δ_a	02′	
$\alpha\pm\Delta_a$		

📄 **思考题**

1. 望远镜调焦至无穷远表示什么含义？为什么当在望远镜视场中能看见清晰且无视差的绿十字像时,望远镜已调焦至无穷远？

_____

_____

_____

_____

_____

_____

_____

_____

_____

_____

_____

_____

_____

_____

实验内容与步骤

实验仪器 （主要实验仪器名称、型号、编号）

注意事项

教师签名：_____   _____年____月____日

1. 在表 17-1 中记录汞灯衍射光谱 1 级谱线的角位置，从左到右的顺序依次为"黄Ⅰ、黄Ⅱ、绿光、紫光"和"紫光、绿光、黄Ⅱ、黄Ⅰ"，并计算其衍射角.

表 17-1　不同波长衍射角的数据记录及处理

光谱线颜色或波长/nm	黄Ⅰ		黄Ⅱ		$\lambda_绿 = 546.1$ nm		紫	
游标	Ⅰ	Ⅱ	Ⅰ	Ⅱ	Ⅰ	Ⅱ	Ⅰ	Ⅱ
左侧$(k=-1)$衍射光方位 $\varphi_左$								
右侧$(k=+1)$衍射光方位 $\varphi_右$								
$2\varphi_m = |\varphi_左 - \varphi_右|$								
$\overline{2\varphi_m}$								
$\overline{\varphi_m}$								

2. 根据光栅方程和已知绿光 $\lambda_绿 = 546.1$ nm，求光栅常数 d 及不确定度.

$d = \bar{d} \pm \Delta_d =$ _____（nm）.

3. 利用求出的光栅常数 d、光栅方程 $d\sin\varphi = \lambda$ 和黄Ⅰ、黄Ⅱ及紫光的衍射角 $\bar\varphi$，分别求 $\lambda_{黄Ⅰ}$、$\lambda_{黄Ⅱ}$、$\lambda_紫$，并求各波长的不确定度.

$\lambda_{黄Ⅰ} = \bar\lambda_{黄Ⅰ} \pm \Delta_{\lambda_{黄Ⅰ}} =$ _____（nm）；

$\lambda_{黄Ⅱ} = \bar\lambda_{黄Ⅱ} \pm \Delta_{\lambda_{黄Ⅱ}} =$ _____（nm）；

$\lambda_紫 = \bar\lambda_紫 \pm \Delta_{\lambda_紫} =$ _____（nm）.

思考题

1. 当用钠光（$\lambda_绿 = 589.3$ nm）垂直入射到 1 mm 内有 300 条刻痕的平面透射光栅上时，最多能看到几级光谱？

实验内容与步骤

实验仪器 （主要实验仪器名称、型号、编号）

注意事项

教师签名：＿＿＿＿＿＿　　　　＿＿＿＿年＿＿月＿＿日

1. 测量截止电压，作出 U_a-ν 曲线，求普朗克常数 h.

表 18-1　不同波长光的截止电压 U_a

入射光波长/nm	365	405	436	546	577
入射光频率 $\nu/\times10^{14}$ Hz	8.214	7.408	6.879	5.490	5.196
截止电压 U_a/V					

根据表 18-1 中的数据，在坐标纸上作出 U_a-ν 曲线.在 U_a-ν 曲线中任取两点 A 和 B，求出直线的斜率 k、普朗克常数 h 和相对误差 E_h.

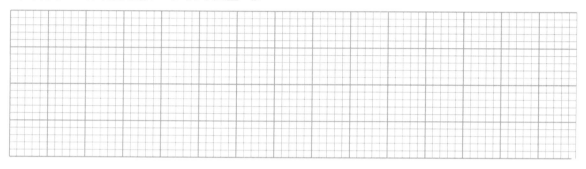

$$k = \frac{U_{aB} - U_{aA}}{\nu_B - \nu_A} = \underline{\qquad} \ (\text{V} \cdot \text{s}),$$

$$h = k \cdot e = \frac{U_{aB} - U_{aA}}{\nu_B - \nu_A} \times 1.602 \times 10^{-19} \ (\text{J} \cdot \text{s}) = \underline{\qquad} \ (\text{J} \cdot \text{s}),$$

$$E_h = \frac{|h - h_0|}{h_0} \times 100\% = \frac{|h - 6.626 \times 10^{-34}|}{6.626 \times 10^{-34}} \times 100\% = \underline{\qquad}.$$

2. 测量光电管的伏安特性.

表 18-2　光电管的伏安特性测量数据记录及处理

光电管与汞灯距离 $L=$＿＿＿＿＿＿mm，光阑 $\phi=$＿＿＿＿＿＿mm

入射光波长/nm	i	1	2	3	4	5	...	29	30
365	U_{AK}/V								
	$I/\times10^{-10}$ A								
405	U_{AK}/V								
	$I/\times10^{-10}$ A								
436	U_{AK}/V								
	$I/\times10^{-10}$ A								
546	U_{AK}/V								
	$I/\times10^{-10}$ A								
577	U_{AK}/V								
	$I/\times10^{-10}$ A								

⚙ 实验内容与步骤

🧪 实验仪器 （主要实验仪器名称、型号、编号）

🎯 注意事项

数据记录及处理 （教师当堂签字方为有效，不得涂改）

教师签名：_____ _____年____月____日

1. 在表 19-1 中记录波长测量数据，利用逐差法计算 Δd.

表 19-1　波长测量的数据记录及处理

次数	d_k/mm	次数	d_k/mm	$\Delta d_k=(d_{k+4}-d_k)/\text{mm}$	$\overline{\Delta d}=\overline{d_{k+4}-d_k}/\text{mm}$
1		5			
2		6			
3		7			
4		8			
$\lambda=\dfrac{2\overline{\Delta d}}{50\times 4}=$ _____				$E_\lambda=\dfrac{\lvert\overline{\lambda}-\lambda_0\rvert}{\lambda_0}\times100\%=$ _____	

2. 由 $\lambda=2\Delta d/N$ 计算 λ，并与标准值（He-Ne 激光波长 $\lambda_0=632.8\text{ nm}$）比较，计算百分误差.

实验内容与步骤

实验仪器 （主要实验仪器名称、型号、编号）

注意事项

数据记录及处理 （教师当堂签字方为有效，不得涂改）

教师签名：＿＿＿＿＿＿＿＿　　＿＿＿＿＿＿年＿＿月＿＿日

复旦社
陪你阅读这个世界

ISBN 978-7-309-16317-9

9 787309 163179 >

定价：49.00元（全2册）

大学物理实验报告

绪论小结及练习题解答

姓名：_____   班级：_____   学号：_____

实验日期：_____年_____月_____日   成绩：_____

🔷 绪论小结

表 0-1　测量弹簧倔强系数数据记录及处理

砝码 m/mg	0	0.2	0.4	0.6	0.8	1.0	1.2	1.4
弹簧长度 l/mm	10.0	12.3	14.1	15.9	18.2	20.1	21.9	24.2

6. 在拉伸法测杨氏模量实验中,获得如表 0-2 所示数据,请完成计算(要写出详细计算过程).

表 0-2　拉伸法测杨氏模量实验数据表

被测量	次数					$\bar{x}$	S_x	$\Delta_{x仪}$	Δ_x	$x=\bar{x}\pm\Delta_x$	$E_x=\dfrac{\Delta x}{\bar{x}}\%$
	1	2	3	4	5						
L/cm	—	—	—	—	—	86.74	—	0.05			
B/m	—	—	—	—	—	1.850 6		5×10^{-4}			
D/mm	0.868	0.864	0.853	0.848	0.858			0.004			
b/cm	—	—	—	—	—	6.75	—	0.05			

7. 利用单摆测量重力加速度 g,当摆角很小时有 $T=2\pi\sqrt{\dfrac{l}{g}}$ 的关系.式中,l 为摆长,T 为周期.现测得实验数据如表 0-3 所示,试求出重力加速度 g.

表 0-3　利用单摆测量重力加速度数据记录及处理

摆长 l/cm	46.1	56.5	67.3	79.0	89.4	99.9
周期 T/s	1.363	1.507	1.645	1.784	1.900	2.008

8. 试用线性回归法对第 7 题数据进行直线拟合,求出重力加速 g 和相关系数 γ.

大学物理实验报告

实验 1　长度的测量

姓名:＿＿＿＿＿＿＿＿　　班级:＿＿＿＿＿＿＿＿　　学号:＿＿＿＿＿＿＿＿

实验日期:＿＿＿＿年＿＿＿＿月＿＿＿＿日　　成绩:＿＿＿＿＿＿＿＿

🎯 实验目的

🔍 实验原理

1. 螺旋测微计的零点值在什么情况下为正，在什么情况下为负？

2. 如何避免读数显微镜在测量过程中的空程误差？

大学物理实验报告

实验 2　拉伸法测杨氏模量

姓名：＿＿＿＿＿＿＿＿　　班级：＿＿＿＿＿＿＿＿　　学号：＿＿＿＿＿＿＿＿

实验日期：＿＿＿＿年＿＿＿＿月＿＿＿＿日　　　　　　成绩：＿＿＿＿＿＿＿＿

◎ 实验目的

🔍 实验原理

1. 如果一开始就在望远镜中寻找标尺的像,为什么很难找到? 望远镜调节到怎样才算调节好?

2. 光杠杆放大法利用了什么原理? 有什么优点?

大学物理实验报告

实验 3　扭摆法测物体转动惯量

姓名：＿＿＿＿＿＿＿＿　　班级：＿＿＿＿＿＿＿＿　　学号：＿＿＿＿＿＿＿＿

实验日期：＿＿＿＿年＿＿＿＿月＿＿＿＿日　　　　　　成绩：＿＿＿＿＿＿＿＿

◎ 实验目的

🔍 实验原理

已知：球支座的转动惯量实验值 $J_0' = 0.179 \times 10^{-4} \mathrm{kg \cdot m^2}$，细杆支架的转动惯量实验值 $J_0'' = 0.232 \times 10^{-4} \mathrm{kg \cdot m^2}$.

思考题

1. 物体的转动惯量与哪些因素有关？

2. 摆角的大小是否会影响摆动周期？在实验过程中要进行多次重复测量，对摆角应如何处理？

大学物理实验报告

实验 4　空气绝热系数的测量

姓名：＿＿＿＿＿＿＿＿＿　　班级：＿＿＿＿＿＿＿＿＿　　学号：＿＿＿＿＿＿＿＿＿

实验日期：＿＿＿＿＿年＿＿＿＿月＿＿＿＿日　　　　　　　　成绩：＿＿＿＿＿＿＿＿＿

◎ 实验目的

🔍 实验原理

2. 在实际问题中,物体振动过程并不是理想的绝热过程,这时测得的值比实际值大还是小? 为什么?

大学物理实验报告

实验 5　拉脱法测液体表面张力系数

姓名：＿＿＿＿＿＿＿＿　　班级：＿＿＿＿＿＿＿＿　　学号：＿＿＿＿＿＿＿＿

实验日期：＿＿＿＿年＿＿＿＿月＿＿＿＿日　　　　成绩：＿＿＿＿＿＿＿＿

◎ 实验目的

🔍 实验原理

3. 用拉脱法测量表面张力对应的数字毫伏表电压值$\bar{U}$.

表 5-3　数字毫伏表电压值$\bar{U}$数据记录及处理

室温(水温)$t_0 =$_____℃

测量次数	拉脱时最大读数 U_1/mV	吊环读数 U_2/mV	表面张力对应读数 $U=U_1-U_2/\mathrm{mV}$
1			
2			
3			
4			
5			
平均值	—	—	$\bar{U}=$_____

4. 计算液体的表面张力系数.

$$\alpha = \frac{K\bar{U}}{L} = \text{_____} \ (\mathrm{N/m}).$$

5. 根据哈金斯(Harkins)经验公式计算被测液体的表面张力系数理论值,并将实验值与理论值进行比较,计算表面张力系数的相对误差.

$$\alpha_0 = (75.976 - 0.145t - 0.000\,24t^2) \times 10^{-3} = \text{_____} \ (\mathrm{N/m}) \ (t \text{ 为被测液体的摄氏温度}),$$

$$E = \frac{\alpha - \alpha_0}{\alpha_0} \times 100\% = \text{_____} \%.$$

思考题

1. 什么叫表面张力? 表面张力系数与哪些因素有关?

2. 用拉脱法测量液体表面张力系数时,测量结果是偏大还是偏小? 为什么?

大学物理实验报告

实验 6　声速测量

姓名：_____　　班级：_____　　学号：_____

实验日期：_____年_____月_____日　　成绩：_____

🎯 实验目的

_____

_____

_____

_____

🔍 实验原理

_____

_____

_____

_____

_____

_____

_____

_____

_____

_____

_____

_____

_____

_____

_____

_____

_____

_____

_____

2. 为什么要在共振状态下测定声速？

大学物理实验报告

实验 7 用电流场模拟静电场

姓名：_____ 班级：_____ 学号：_____

实验日期：_____年_____月_____日 成绩：_____

◎ 实验目的

🔍 实验原理

电

场

分

布

图

粘

贴

处

大学物理实验报告

实验 8　<u>电学元件的伏安特性</u>

姓名：_____　　　班级：_____　　　学号：_____

实验日期：_____年_____月_____日　　　　　　　成绩：_____

◎ 实验目的

🔍 实验原理

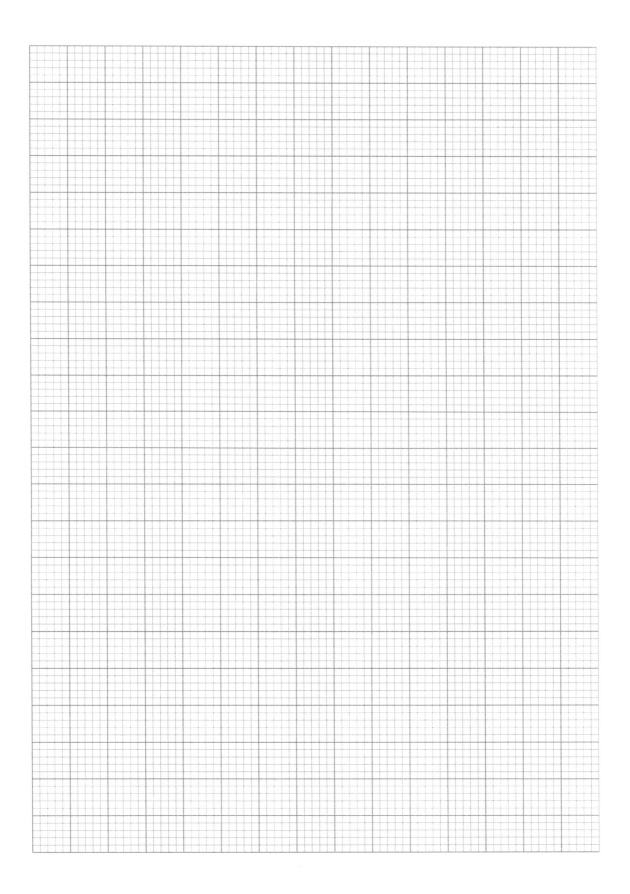

大学物理实验报告

实验 9　直流电桥测电阻

姓名：_____　　　班级：_____　　　学号：_____

实验日期：_____年_____月_____日　　　成绩：_____

🎯 实验目的

🔍 实验原理

2. 为什么用单臂电桥测电阻选取比率臂时,应该尽可能用上"×1 000 Ω"的测量盘?

大学物理实验报告

实验 10　补偿法校准电流表

姓名：＿＿＿＿＿＿＿＿　　班级：＿＿＿＿＿＿＿＿　　学号：＿＿＿＿＿＿＿＿

实验日期：＿＿＿＿＿年＿＿＿＿月＿＿＿＿日　　　　成绩：＿＿＿＿＿＿＿＿

🎯 实验目的

🔍 实验原理

电压极性是否正确？

大学物理实验报告

实验 11　霍尔效应及其应用

姓名：＿＿＿＿＿＿＿＿　　班级：＿＿＿＿＿＿＿＿　　学号：＿＿＿＿＿＿＿＿

实验日期：＿＿＿＿年＿＿＿＿月＿＿＿＿日　　　　成绩：＿＿＿＿＿＿＿＿

◎ 实验目的

🔍 实验原理

迁移率 $\mu = |R_H|\sigma = $ _____ $(m^2 \cdot V^{-1} \cdot S^{-1})$.

思考题

1. 霍尔电压是怎样形成的？如何利用霍尔效应判断半导体材料的导电类型？

2. 实验中磁场 B 是怎么实现改变方向的？

大学物理实验报告

实验 12　霍尔法测线圈磁场

姓名：＿＿＿＿＿＿＿＿　　班级：＿＿＿＿＿＿＿＿　　学号：＿＿＿＿＿＿＿＿

实验日期：＿＿＿＿年＿＿＿月＿＿＿日　　成绩：＿＿＿＿＿＿＿＿

◎ 实验目的

🔍 实验原理

2. 试分析直流圆线圈磁场分布理论值与实验值的误差产生原因.

大学物理实验报告

实验 13　示波器的原理和使用

姓名:＿＿＿＿＿＿＿＿　　班级:＿＿＿＿＿＿＿＿　　学号:＿＿＿＿＿＿＿＿

实验日期:＿＿＿＿年＿＿＿月＿＿＿日　　成绩:＿＿＿＿＿＿＿＿

◎ 实验目的

🔍 实验原理

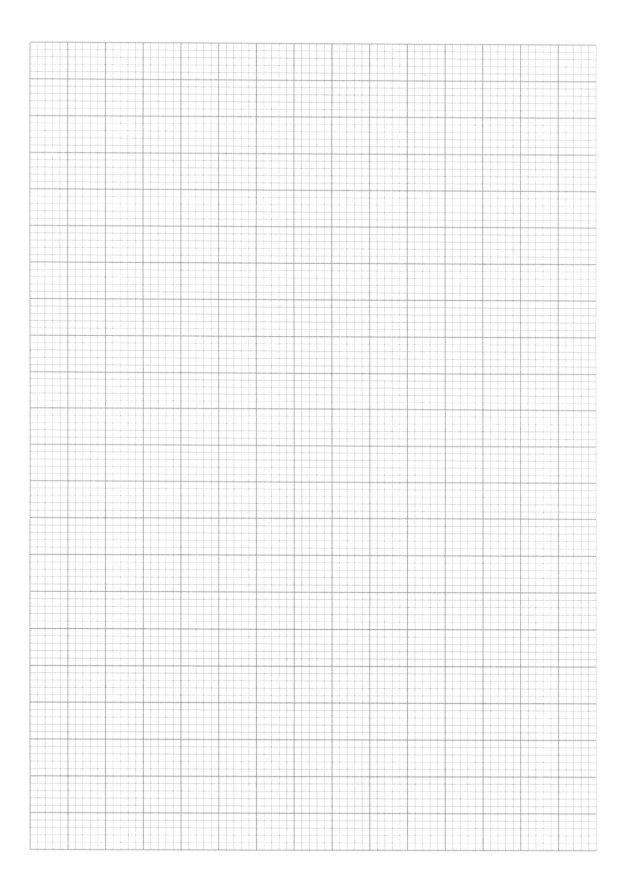

大学物理实验报告

实验 14　光纤通信性能测试

姓名：＿＿＿＿＿＿＿＿　　班级：＿＿＿＿＿＿＿＿　　学号：＿＿＿＿＿＿＿＿

实验日期：＿＿＿＿年＿＿＿月＿＿＿日　　　　　　　　成绩：＿＿＿＿＿＿＿＿

◎ 实验目的

Q 实验原理

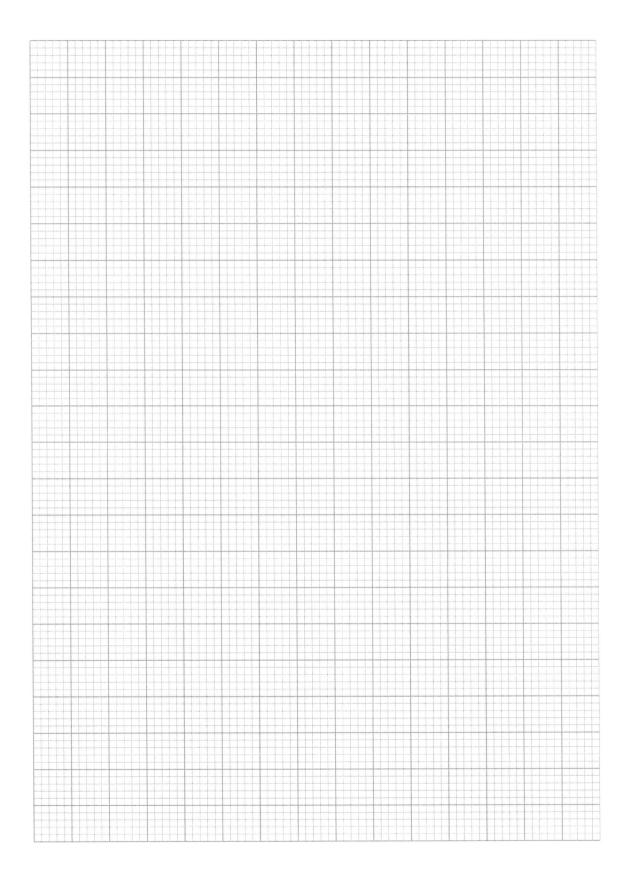

大学物理实验报告

实验 15　牛顿环

姓名：＿＿＿＿＿＿＿＿　　班级：＿＿＿＿＿＿＿＿　　学号：＿＿＿＿＿＿＿＿

实验日期：＿＿＿＿年＿＿＿＿月＿＿＿＿日　　　　　成绩：＿＿＿＿＿＿＿＿

◎ 实验目的

🔍 实验原理

2. 牛顿环干涉条纹的中心在什么情况下是暗的？在什么情况下是亮的？

大学物理实验报告

实验 16　分光计的调节和使用

姓名：＿＿＿＿＿＿＿＿＿　　班级：＿＿＿＿＿＿＿＿＿　　学号：＿＿＿＿＿＿＿＿＿

实验日期：＿＿＿＿年＿＿＿＿月＿＿＿＿日　　　　　　成绩：＿＿＿＿＿＿＿＿＿

◎ 实验目的

🔍 实验原理

2. 消除偏心差有什么方法?

大学物理实验报告

实验 17 光栅衍射

姓名：_____ 班级：_____ 学号：_____

实验日期：_____年_____月_____日 成绩：_____

◎ 实验目的

🔍 实验原理

2. 根据你的实验结果,若实验中出现赤、橙、黄、绿、青、蓝、紫 7 种颜色的衍射条纹,则它们同一级衍射角 $\varphi_{赤}$、$\varphi_{橙}$、$\varphi_{黄}$、$\varphi_{绿}$、$\varphi_{青}$、$\varphi_{蓝}$、$\varphi_{紫}$ 之间的关系如何?请排列大小顺序.

大学物理实验报告

实验 18　光电效应测量普朗克常数

姓名：_____　　　班级：_____　　　学号：_____

实验日期：_____年_____月_____日　　　成绩：_____

◎ 实验目的

◯ 实验原理

根据不同频率光的 I-U_{AK} 值,在毫米坐标纸上做出 5 条不同波长光的伏安特性曲线,观察其特点.

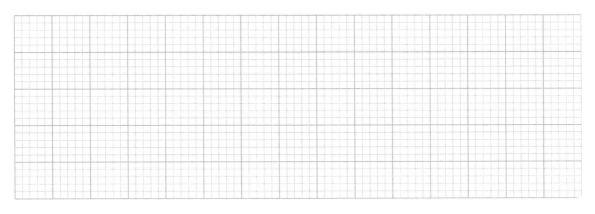

3. 测量不同光阑孔径下的饱和光电流.

表 18-3　不同光阑孔径下的饱和光电流数据记录及处理

$U_{AK} =$ ＿＿＿＿＿ V, $\lambda =$ ＿＿＿＿＿ nm, $L =$ ＿＿＿＿＿ mm

光阑 ϕ/mm	2	4	8
I_H/×10^{-10} A			

4. 测量不同入射光距离的饱和光电流.

表 18-4　不同入射光距离的饱和光电流数据记录及处理

$U_{AK} =$ ＿＿＿＿＿ V, $\lambda =$ ＿＿＿＿＿ nm, $\phi =$ ＿＿＿＿＿ mm

距离 L/mm	300	350	400
I_H/×10^{-10} A			

📄 **思考题**

1. 在光电效应的实验规律中,哪些是经典物理学所无法解释的? 现代量子理论又是如何解释这些实验规律的?

_____

_____

_____

2. 在实验中如何用零点法和拐点法确定截止电压? 这两种方法分别适用于什么情况?

_____

_____

_____

大学物理实验报告

实验 19　迈克尔逊干涉仪的调节和使用

姓名：＿＿＿＿＿＿＿＿　　班级：＿＿＿＿＿＿＿＿　　学号：＿＿＿＿＿＿＿＿

实验日期：＿＿＿＿年＿＿＿＿月＿＿＿＿日　　　　　　　成绩：＿＿＿＿＿＿＿＿

◎ 实验目的

🔍 实验原理

1. 如何避免测量过程中的空程误差?

2. 在实验中,当等倾干涉条纹从中央冒出时,M_1 与 M_2' 是处于相互接近中,还是正在相互远离? 为什么?

大学物理实验报告

补充实验 _____

姓名：_____ 班级：_____ 学号：_____

实验日期：_____年_____月_____日 成绩：_____

◎ 实验目的

_____

_____

_____

_____

🔍 实验原理

_____

_____

_____

_____

_____

_____

_____

_____

_____

_____

_____

_____

_____

_____

_____

_____

_____